# 你好，国风熊猫

张劲硕 史军◎编著 余晓春◎绘

四川科学技术出版社

图书在版编目 (CIP) 数据

你好，国风熊猫 / 张劲硕，史军编著；余晓春绘
. —— 成都：四川科学技术出版社，2024.1
（走近大自然）
ISBN 978-7-5727-1214-2

Ⅰ.①你… Ⅱ.①张… ②史… ③余… Ⅲ.①大熊猫
– 少儿读物 Ⅳ.① Q959.838–49

中国国家版本馆 CIP 数据核字 (2023) 第 233967 号

走近大自然　你好，国风熊猫
ZOUJIN DAZIRAN　NIHAO，GUOFENG XIONGMAO

编 著 者　张劲硕　史 军
绘　 者　余晓春

出 品 人　程佳月
责任编辑　潘 甜
助理编辑　叶凯云
封面设计　王振鹏
责任出版　欧晓春
出版发行　四川科学技术出版社
　　　　　成都市锦江区三色路 238 号　邮政编码　610023
　　　　　官方微博　http://weibo.com/sckjcbs
　　　　　官方微信公众号　sckjcbs
　　　　　传真　028-86361756
成品尺寸　170 mm × 230 mm
印　 张　16
字　 数　320 千
印　 刷　河北炳烁印刷有限公司
版　 次　2024 年 1 月第 1 版
印　 次　2024 年 1 月第 1 次印刷
定　 价　168.00 元（全 8 册）

ISBN 978-7-5727-1214-2

邮　 购：成都市锦江区三色路 238 号新华之星 A 座 25 层　邮政编码：610023
电　 话：028-86361770

# 旗舰物种与生物多样性

旗舰物种是保护生物学中的一个概念。旗舰的本义是舰队中的指挥舰，旗舰物种则是保护动物中的代表物种。旗舰物种对社会生态保护力量具有特殊号召力和吸引力，可促进社会对物种保护的关注。

近年来，我国通过开展濒危野生动物保护及栖息地建设，对大熊猫、亚洲象、海南长臂猿、西黑冠长臂猿、豹、中华穿山甲、滇金丝猴、黔金丝猴、虎、朱鹮、绿孔雀、四爪陆龟等旗舰物种实施了抢救性保护。

生物多样性的急剧丧失是全世界共同面临的挑战。生物多样性指地球上各种生命的多样性，涵盖所有生命形式，从病毒、细菌到所有生态系统，例如森林或珊瑚礁生态系统。

作为地球上生物多样性最丰富的 12 个国家之一，中国拥有多样的栖息地类型，四川省更是全球 34 个生物多样性热点地区之一，是中国乃至世界的珍贵物种基因库之一，被称为"生物多样性宝库"。复杂多样的自然环境为众多生物提供了各自适合的栖息地，许多古老物种也得以找到"避难所"而繁衍至今，大熊猫就是其中的代表物种。

人们往往先是被旗舰物种吸引，进而关注它们的栖息环境，再顺藤摸瓜了解旗舰物种的共生物种。保护好旗舰物种的基础是保护好旗舰物种的栖息地和它们生存所依赖的生物多样性。食物链把生物和环境串成一张大网，野生动物灭绝了，这张网上就会出现一个空洞，空洞周围的物种也会岌岌可危。例如，如果有一天，中华穿山甲灭绝，那么森林中的白蚁将因失去天敌而猛增。一种野生动物的灭绝远不只是一个物种的灭绝，在我们看不到的背后，可能是某一个生态系统的崩塌。

中华穿山甲灭绝　　　　　　　　　　白蚁猛增

　　生物多样性支撑着人类生活的自然系统，我们置身其中，却很少意识到它的重要性。大自然的万千生命中，有的为大气提供更多氧气，有的在努力净化河流，有的为人类仰赖的重要农作物授粉，有的负责维持和提升土壤的健康度。空气、水、粮食、医药、经济、科技……人类生活的方方面面都离不开生物多样性的支持。如果有一天生物多样性快速丧失，我们将失去很多自然的解决方案。因此，保护生物多样性，就是在保护我们人类自己。

# 大熊猫担当重任

大熊猫

被誉为"国宝"的大熊猫，是我国特有的珍稀物种，也是野生动植物保护领域的旗舰物种，具有极高的生态、科研、文化及美学价值，深受世界各国人民喜爱。

2022 年 12 月 11 日，联合国《生物多样性公约》第十五次缔约方大会（简称 COP15）上，一幅幅灵动可爱的大熊猫的照片、图册和文创作品在"中国角"四川日边会区域展出，引得众多参会者驻足观望，久久不肯离去。作为"中国角"四川日边会的主角，大熊猫俘获了几乎所有参会人员的心，也让参会者更加了解中国文化、中国历史和中国在生物多样性保护工作上取得的成就。

大熊猫在 COP15 上收获的满满人气，反映出人们对人与自然之间关系的最深切的关注。大熊猫的可爱形象让生物多样性这一扁平概念变得立体起来。大家越是喜爱大熊猫这类可爱的野生动物，就越能理解守护生物多样性的必要性。

# 博物学家的发现

　　1869 年 3 月 11 日，四川省宝兴县的一户当地人家中，一张黑白色的动物皮毛引起了法国博物学家阿尔芒·戴维的注意。经询问，戴维得知这皮毛来自一种名叫"花熊"或"白熊"的动物。眼前这张美丽的动物皮毛让戴维兴奋异常，他坚信这个物种将是一个重大的科学发现。接下来的日子里，戴维在宝兴县邓池沟的森林中搜寻这种动物。1869 年 4 月 1 日，执著的戴维找到了一只活体成年大熊猫。这只大熊猫在被戴维运回法国的途中死去，戴维将它制成标本，并送往巴黎自然历史博物馆。不久后大熊猫这个物种得到了学界的确认。

　　四川省宝兴县素有"熊猫老家"的美称。这里山川秀丽，竹木葱茏，生物资源丰富，生物多样性明显。宝兴县在中国保护大熊猫方面占有独一无二的特殊地位，发挥了重要作用。

# "猫熊"变"熊猫"

　　大熊猫在中国通行的名称最初为"猫熊"或"大猫熊"，意思是它的脸型似猫那样圆胖，但整个体型又像熊。在20世纪50年代前，汉字的书写方式是直书，认读是自右到左，而改为横书后则从左到右。1939年，四川北碚博物馆展出大熊猫时的说明标题用的是横书，而当时参观者习惯了直书，自右到左地认读，误会便发生了，"猫熊"就读成了"熊猫"。

　　久而久之，人们也就习以为常地把"猫熊"更名为"熊猫"了。以后，它通用的、被人们公认的中文名叫"大熊猫"。大熊猫的别名还有华熊、竹熊、银狗和大浣熊等。

# 大熊猫国家公园

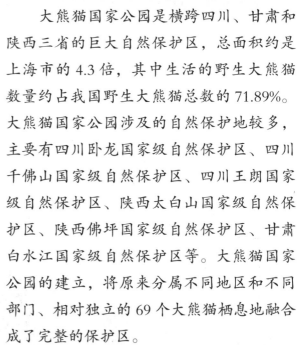

大熊猫国家公园是横跨四川、甘肃和陕西三省的巨大自然保护区，总面积约是上海市的 4.3 倍，其中生活的野生大熊猫数量约占我国野生大熊猫总数的 71.89%。大熊猫国家公园涉及的自然保护地较多，主要有四川卧龙国家级自然保护区、四川千佛山国家级自然保护区、四川王朗国家级自然保护区、陕西太白山国家级自然保护区、陕西佛坪国家级自然保护区、甘肃白水江国家级自然保护区等。大熊猫国家公园的建立，将原来分属不同地区和不同部门、相对独立的 69 个大熊猫栖息地融合成了完整的保护区。

在大熊猫国家公园四川片区，1.93 万平方千米的保护区范围内，生活着 8 000 多种伴生动植物（其中珍稀动物种类达 1 600 种），包括川金丝猴、朱鹮、林麝、小熊猫等野生动物，以及珙桐、红豆杉、苏铁等珍稀野生植物。

# 巨大的"伞护效应"

　　对大熊猫的保护也为同一区域的其他珍稀野生动植物提供了生存繁衍的保护伞，这被称为"伞护效应"。保护大熊猫就是保护生态环境，会给在那里居住的人们带来生态效益，比如生态好了，蜂蜜的产量和质量上去了，养蜂人的收益自然就高了。

　　保护大熊猫带来的生态效益，受益者不仅是人，还有整个生态环境中的动植物。近年来，人们在大熊猫活动区域发现其他珍稀动物 1 600 余次，还在多处发现动植物新物种，使珍稀动植物的种群不断扩大。

　　大熊猫国家公园带来的伞护效应是巨大的。大熊猫保护出现明显的伞护效应，生态系统的恢复让各类野生动植物种群欣欣向荣，生态环境持续改善。生态环境保护和绿色发展是时代的要求，而保护大熊猫带来的生态效益，能够持续唤起人们保护环境的强大动力。

# 大脑袋是为了生存

很少有动物能像大熊猫一样被全世界人民喜爱，这是为什么？美国神经科学家库恩斯认为，大熊猫的外形"劫持"了人类关爱婴儿的脑部神经，这就是它们讨人喜爱的重要原因。

大熊猫的外形很可爱。大熊猫眼睛大（实际上是一种视错觉）、脸圆、鼻子不太突出、脑袋硕大，这些特征也让它们显得乖萌。

不过，大熊猫的大脑袋可不是为了讨人喜欢才进化出来的。大熊猫是为数不多的几种能吃竹子的动物之一，竹子难嚼，即便是以吃草闻名的牛、羊、马等偶蹄目动物也嚼不动竹子。为了适应吃竹子，大熊猫的祖先逐渐进化出了比美洲豹还强的咬合力。强大的咬合力需要有力的咬合肌群，同时颅骨也要提供足够大的附着面让咬合肌群附着。大熊猫突出的颧弓、宽大的矢状嵴、项嵴等为咬合肌群提供了充足的附着面，这些构造使它们的脑袋变得硕大。

除了脑袋硕大，大熊猫在进化过程中获得的"黑科技"属性还有很多。

# 黑白相间的"团子"

　　大熊猫头圆尾短，胖嘟嘟的身体让它们看上去很可爱。它们的头躯长 1.2~1.8 米，尾长 10~12 厘米，体重 80~120 千克，最重可达 180 千克。最有特点的是它们头部和身体的毛色：黑白相间分明，但黑非纯黑，白也不是纯白，而是黑中透褐，白中带黄。大熊猫黑白相间的外表，有利于它们隐蔽在密林的树上和积雪的地面。大熊猫不仅毛多，皮肤也厚，最厚处可达 10 毫米。身体不同部位的皮肤厚度也不一样，体背部厚于腹侧，体外侧厚于体内侧，皮肤的平均厚度约为 5 毫米，并且色白而富有弹性和韧性。所以，大熊猫不惧寒冷，冰天雪地也不担心。它们也不怕潮湿，总爱在湿度在 80% 以上的阴湿天地里生活。

　　由于大熊猫长期生活在密密的竹林里，光线很暗，障碍物又多，目光就变得十分"短浅"，视觉不发达。此外，它们的瞳孔像猫一样是纵裂的，在夜幕降临的傍晚还能活动。

　　大熊猫每天除去一半进食的时间，剩下的一半时间多数是在睡觉。在野外，大熊猫在每两次进食的中间睡 2~4 个小时。它们非常灵活，能够把笨重的身体摆成各种各样的姿势。

　　大熊猫走路时喜欢慢吞吞，是因为它们生活的环境里面有充足的食物，没有天敌。同时，这种慢吞吞的动作使得它们能够保存能量，以适应低能量的食物。

　　通常情况下，大熊猫的性情十分温顺，初次见人时，显得有些腼腆，常用前掌蒙面，或把头低下。它们很少主动攻击其他动物或人，在野外偶然与人相遇时，总是采用回避的方式。

# 大熊猫的进化

**始熊猫头骨化石**

科学家仔细研究云南禄丰和元谋两地出土的始熊猫化石后，得出结论：大熊猫的祖先出现于距今约 800 万年前，这也差不多是人类祖先和黑猩猩祖先在进化道路上分道扬镳的时期。

科学家通常在海拔 500～700 米的温带或亚热带森林发现大熊猫化石。根据这些化石，科学家推断大熊猫的鼎盛时期是在距今约 70 万～50 万年。大熊猫和剑齿象都是当时南方动物群的代表物种，处于食物链的顶端。大熊猫的栖息地曾覆盖了中国东部和南部的大部分地区，北达北京，南至缅甸南部和越南北部。后来，同时期的动物相继灭绝，大熊猫却通过自我改造孑遗至今，并保留了部分古老特征。

**剑齿象**

始熊猫

小种大熊猫

巴氏大熊猫

现代大熊猫

**大熊猫演化史**

大熊猫属于食肉目，却偏偏爱吃竹子。近年来，科学家找到了这个神奇转变的基因层面的原因。原来，大熊猫爱吃素的重要原因，是控制其味觉受体的基因 TAS1R1 发生了假基因化。假基因化，就是基因积累了过多突变，从而失去了原本的功能。如果这个基因没有丧失功能，也许我们今天就看不到爱吃素的大熊猫了。

如今，大熊猫已经全方位地适应了吃竹子。为了更稳地握住竹茎，大熊猫的手掌下方处还长了一根"伪拇指"。通过化石证据，科学家发现大熊猫在距今700万～600万年前就已经有了"伪拇指"。可见大熊猫吃竹子的历史由来已久。

虽然竹子的营养不如肉类丰富，但竹子分布广泛、生长速度快、易于获取，因此还算是性价比较高的食物。大熊猫迷上吃竹子并不是没有道理，看似没有营养价值的竹子，其实拥有比木本植物的茎更高比例的淀粉，还有一定量的果胶、蛋白质和少量脂肪，大熊猫对这些营养的吸收率高达90%。此外，大熊猫还能消化并吸收竹子约8%的纤维素和27%的半纤维素，这大大提高了大熊猫的生存能力。

大熊猫能消化纤维素要感谢"梭菌"。大熊猫的消化道里有两类（约7种）梭菌纲细菌，它们是自然界中为数不多的能分解纤维素的细菌。科学家通过分析大熊猫粪便中的菌群发现，大熊猫消化道内丁酸梭菌的比例会在竹笋季大大增加。丁酸梭菌能将纤维素分解为短链脂肪酸，短链脂肪酸能上调影响昼夜节律的 Per2 基因的表达，从而让大熊猫在竹笋季更容易合成并囤积脂肪。

大熊猫吃不同种类的竹子的部位也不同，例如吃箬竹时只吃竹叶，吃苦竹时只吃竹茎，吃刺竹和巴山木竹时最爱吃竹笋和竹叶……

不同的季节，大熊猫还会选择食用竹子的不同部位：春夏主要吃竹笋，搭配竹叶和竹茎；秋天主要吃竹叶，竹笋和竹茎做辅食；冬天几乎只吃竹茎。

伪拇指

# 用气味 做标记

　　大熊猫大多数的交流都是通过留在领地的气味标记来实现的。当它们想见面的时候，通常是发情季节，就会通过气味标记找到彼此。它们一旦见面以后，就转为声音交流。

　　用气味来标记领地是它们保持和平相处的秘诀。大熊猫将尿液或肛周腺体的分泌物涂在柱子、树上、墙上、地上，以及它们经常经过的地方。这些气味标记能让它们互相回避或聚到一起。做标记的时候，它们会晃动头部，嘴巴半张。做了标记以后，它们会在做标记的地方剥掉树皮，或留下抓痕，以引起其他大熊猫的注意。

# 奇特的繁育

大熊猫繁育最奇特的一点是新生儿在出生时发育相当不成熟，体重仅仅是母兽体重的 0.1%。初生幼崽体重很轻，平均仅为 145 克。

刚出生的大熊猫皮肤是粉红色的，带有稀疏的白毛。在它刚出生的几周里，母兽会一直将它抱在怀里，移动的时候就把它衔在嘴里。当大熊猫幼崽想吃奶、想排便、感觉不舒服时，就会通过不同的叫声来提醒母兽。

1～2 周后，大熊猫幼崽长黑毛的地方颜色开始变深；1 个月内，它慢慢长出黑色的耳朵、眼眶、腿和"肩带"，变得更像妈妈了；6～8 周时，它可以睁眼了，并开始长牙；3 个月后，它就可以慢慢地爬动了。

# 选择家园有原则

近年来，科学家发现了大熊猫选择栖息地的几个主要影响因素，分别是坡度、光照、郁闭度和竹林密度。

大熊猫喜欢阳坡、半阴半阳的平缓山坡的中段或上段，且附近必须有水源。郁闭度指森林中乔木树冠遮蔽地面的程度。大熊猫喜欢郁闭度适中的针阔混交林或针叶林。暖温带至亚热带山地的一些针叶林林冠下方，也是竹类植物的理想生境。

对大熊猫来说，过高密度的竹林会阻碍穿行，过低密度的竹林则满足不了用餐需求。大熊猫在吃竹茎时会剥去外皮，只食用里面的部分；在吃竹笋时会去掉坚硬的外壳而只吃笋肉，这样能获取尽可能多的植物细胞内含物（其主要成分为水分、蛋白质、核酸、脂质、糖类和无机盐）。

作为独居动物，大熊猫主要依靠尿液和肛周腺体的分泌物标记各自的领地。当一只成年大熊猫找到一块满意的栖息地后，它就会用屁股在栖息地边界的树干上来回蹭，留下自己的气味信息。从开始蹭树到结束全程长达好几分钟。当大熊猫发情时，它们也会在同一棵树上留下求偶信息（尿液或肛周腺体的分泌物），等交配对象寻味而来。

# 让大熊猫回到野外

在长江上游，秦岭、四川盆地向青藏高原过渡的高山峡谷地带的密林之中，生存着最后的大熊猫野生种群。800万年以来，大熊猫历经气候和环境的剧变，从肉食动物转变为以竹子为主食的"素食者"，体型从像犬类一样苗条变成熊类那样高大威猛，在物种进化历史中脱颖而出，是古老的孑遗物种。与更新世中晚期广泛分布于中国长江、黄河、珠江流域以及越南、缅甸北部的大熊猫巴氏亚种相比，如今的大熊猫数量锐减，活动范围已退缩到四川、陕西、甘肃三省间的一条狭长地带。

地理隔离，加上自身的生物学特点和种群内外随机因素的干扰，使得大熊猫很难靠自己恢复野生种群规模。尤其是许多大熊猫孤立小种群，存在灭绝的风险。

将圈养的物种放归野外，是增加野生动物种群数量直接而有效的途径，这已经成为人类保护濒危动物的一种重要手段。我国的放归研究已经在朱鹮、麋鹿、普氏野马等动物的试验中积累了一定的经验。

朱鹮　　　　　麋鹿　　　　　普氏野马

**对大熊猫幼崽无微不至的关照**

　　放归大熊猫以复壮野生种群，一直是大熊猫保护工作者的共同心愿，也是大熊猫迁地保护的最终目标。如果现在不抓紧做这项工作，有些野外大熊猫小种群就有灭绝的可能……

# "母兽带崽"的新模式

2010年8月，大熊猫"淘淘"在卧龙核桃坪基地野化培训圈里出生，成为全球首只在野化培训基地出生的大熊猫。

2006年4月，首只放归野外的大熊猫"祥祥"在和野生同类的打斗中受伤，最终殒命。这一次，在充分总结"祥祥"野放经验和教训的基础上，研究员和饲养员决定采用"母兽带崽"的全新模式对幼崽进行野化培训。"母兽带崽"的核心理念就是让幼崽圈养时跟随母亲成长，最大可能减少与人的接触，不让它对人产生依赖，以使其具有真正的野性。

　　"母兽带崽"，看似简简单单的几个字，做起来太难了！

　　长久以来，饲养员已经习惯了给大熊猫幼崽提供无微不至的关照，现在突然态度要来个180°大转变，这让他们一时难以适应。从研究、探索的角度出发，既然是"母兽带崽"，那一切都只能由大熊猫妈妈做主。

# 暴风雨的洗礼

2010年9月的一天，大熊猫"草草"带着刚满一个月的"淘淘"在野化培训圈里休息。入夜以后，天空开始下雨，雨水打在"草草"身上，一滴滴随着它的毛发落到地上。很快，雨势变大了。

卧龙国家级自然保护区地处横断山脉东部，其区域内的核桃坪海拔1 820米，是典型的高山峡谷地带，早晚温差大。即使在盛夏的7月，最低气温也只有约12℃；而此时已是9月，夜晚气温在10℃左右，雨水让人感觉更加寒冷。

成年大熊猫皮毛厚实，喜冷怕热，对雨雪无所畏惧，但刚刚满月的"淘淘"实在太弱小了，真让人担心。按照以往的经验和做法，此时饲养员会立刻让母兽和幼崽回到圈舍里。在圈舍干燥舒适的环境里，幼崽不会因为淋雨而受凉感冒，科研人员也更容易观察到它们。但现

在，这只被选作野化培训对象的大熊猫幼崽只能由母兽来照顾了。看着这只体重只有 1 500 克左右的大熊猫幼崽就要经受冰凉雨水的洗刷，饲养员有些于心不忍。

几天前，饲养员已经料到了天气的变化，在圈舍里建了两个能遮风挡雨的木棚，算是给大熊猫"草草"留了一条后路。但是，精心搭建的木棚最终成了摆设，接下来发生的事情出乎大家的意料。

一开始，"草草"把"淘淘"藏在自己的胳肢窝里躲避暴雨。

几分钟后，"草草"突然站起身，把"淘淘"留在原地，自己径直走进草丛深处。

"排便去了？还是吃东西去了？"

饲养员赶紧查看监控，发现"草草"进入了监控的死角，完全看不到它在干什么。

又过去了几分钟，依然不见"草草"回来。在密集的雨点打击下，"淘淘"显然已经无法安睡，隔一会儿就费力地把头抬起来，这明显是极度不舒服和不安的表现。饲养员有些着急，不知道"草草"为什么离开，更不知道它怎么会在这个时候把幼崽单独留下。

把出生仅一个月的幼崽暴露在这种恶劣的天气中，这是以前饲养员根本不敢想的事情。刚出生的大熊猫像"早产儿"一样，视觉、味觉和听觉尚未发育完全，不敢想象冰凉的雨水会对它们脆弱的身体产生什么影响！虽然"淘淘"刚才也淋了雨，但至少母亲能给它提供足够的温暖。现在直接暴露在雨水中，会不会造成体温过低？

如果此时将"淘淘"抱出来，放进保温箱，它当然很安全了，但野化培训的意义何在？如果任其经历风雨，饲养员又不能确定这个弱小的生命在漆黑的夜里能挺多久。

　　在猜测和担心的煎熬下，自认经验丰富的饲养员既茫然又无助。饲养员在圈舍外心急如焚，最终还是决定让它的母亲做主。

天亮以后，雨停了。在监控中，饲养员看到"淘淘"重新回到了母亲温暖的怀抱。借着给"草草"喂食的工夫，饲养员凑上前去观察。只见满身污垢的"淘淘"睡得很安稳，身体在一呼一吸间有节奏地起伏，摸起来体温也很正常，仿佛昨晚什么都没发生过。

饲养员悬着的心终于落下来了。他们熬了一个通宵，此时已经疲惫不堪。对"淘淘"经历的这个雨夜，他们都觉得不可思议："那样淋雨都没事，真是想不到。看来还是母亲才最懂自己的孩子。"

这暴风雨也打在饲养员的心头：之前对大熊猫幼崽无微不至的关照是不是完全必要？也许大熊猫这个物种天生就比人们想象的要强大得多。

当大熊猫幼崽大约 3 个月大时，它们开始学习如何爬行，母兽也会教导它们如何爬行和寻找食物。当大熊猫幼崽大约 6 个月大时，它们可以独立进食竹子，并开始跟随母兽探索未知世界。

大熊猫幼崽通常在 18 个月到 2 岁之间学习独立生活，在此之前，它们会与母兽一起度过大部分时间。一般大熊猫离开母亲独立生存的年龄在 2 岁，大熊猫妈妈会通过言传身教，让大熊猫幼崽学会包括打架在内的各项生存技能。

# 不可忽视的"熊猫外交"

熊猫外交是指中国通过赠送或巡展与商业性租借大熊猫，来开展外交工作。

大熊猫之所以有这么大魅力，是因为它是中国特有的物种，与中国的文化内涵相契合。在形象上，大熊猫的辨识度很高，神态上憨态可掬，性情温顺；同时，大熊猫蕴含和平友善的文化内涵。

作为中国国宝的"熊猫大使"，大熊猫曾经多次出国担任友好使者，为发展对外友好关系做出了重要贡献。

1957年，大熊猫"平平"被作为国礼送到莫斯科动物园，这是我国第一只外送的大熊猫。

此后半个多世纪，平武大熊猫"晶晶""燕燕""飞飞""明明"等远赴英国、法国、日本、爱尔兰等国，成为最萌"外交官"，为我国的外交事业做出了不可磨灭的贡献。

让我们一起走近大自然，探索奇妙世界吧！